孩子你相信吗 不可思议的自然科学书

会发电的足球

〔韩〕徐志源/文　　〔韩〕吴胜闵/图

章科佳　金润贞/译

U0390774

CNS | 湖南少年儿童出版社 · 长沙
HUNAN JUVENILE & CHILDREN'S PUBLISHING HOUSE

看看我们生活的世界

你和朋友们玩耍过后想要洗手，

打开水龙头就有干净的自来水。

你可以吃到妈妈从电饭锅里舀出来的温热米饭，

如果你还饿，还可以从冰箱里拿出新鲜的水果。

你还可以用洗衣机洗脱下来的脏衣服，用网络检索信息，

用电脑完成作业。

无聊的时候，你还能看电视。

先进的科技让我们的生活更加便利。

但是，

能像我们这样生活的人，

只不过是地球上的幸运儿。

看看他们生活的世界

有的孩子却过着和我们完全不一样的生活。

早上一睁眼就要去一个小时路程外的河里取水。

洗衣服只能用凉水手洗，

晚上还要捡柴火才能生火做饭。

买不起昂贵的机器，也无法用电，

不能像我们一样得到先进科技的帮助。

那么，地球上的这些人所需的技术是什么呢？

他们需要的是能够立刻解决基本生活问题的技术，

能够提供必需帮助的技术。

这就是适用技术。

让我们考察一下那些需要适用技术的人们，

以及我们看不到的那部分世界。

我想喝干净的水！

九岁的莱莉早上很早就睁开了眼睛，
连脸都顾不上洗，从厨房里拎起一个水桶就出门了。
在我们认为该上学的这个时段，她这是要去哪里呢？

邻居家六岁的巴温也拎着水桶出门了。
附近的孩子都聚在一起后，他们出发了。
10 分钟，20 分钟，30 分钟……他们努力地赶路。
"啊呀！"
巴温被石头绊倒了，他的膝盖在流血。
菜莉搀扶起巴温，又开始赶路了。

巴温走路一瘸一拐，一瘸一拐……
孩子们走了约一个小时，来到了河边。
这条河离他们的家足有 5 千米。

第二天早上，莱莉又像往常一样拎着水桶出发了，
可是她在小伙伴中没找到巴温。
巴温在接下来的第三天、第四天依然没有出现。

　　莱莉后来去了巴温家里，才得知巴温和他的弟弟生病了。

　　巴温受伤后就再没打水了，口渴的弟弟不小心喝了水坑里的脏水，结果就拉肚子了。

巴温的妈妈悲伤地说：

"在非洲，我们经常面临两种死亡方式。一种是找不到水渴死，另外一种是喝了受污染的水病死。"

莱莉一动不动地看着巴温。

"好渴……"巴温急切地想要喝水。

莱莉忍不住痛哭起来。

"老天啊，我们为什么要生活在这种痛苦之中？"莱莉恳切地仰望着天空。

能产生干净水的技术

　　一个人每天至少需要 40 升的水，用于饮用、洗涤及其他生活所需。在方便取水的地区，人们一天会使用 300 升到 1000 升的水，而在水源缺乏的非洲或西亚地区，人们一天只能用 10 升水。让我们来看一下有哪些适用技术可以帮助他们取水吧。

🌐 轮状水容器

　　轮状水容器是南非的亨德里克斯兄弟 1993 年发明的水桶，用于解决去数千米之外取水的难题。水桶的侧面像一个甜甜圈，中间可以穿绳便于拉拽。水桶可以滚动向前，一滴水也不会洒。

水桶
最多可装水 75 升

盖子
防止水洒出

绳子
用于拉拽水桶

自动蓄水塔

利用非洲常见的树木制成的取水装置。花瓶状的木架内部装有网兜和接水装置，利用昼夜温差使空气中的水蒸气在网兜上凝结，就像在植物叶片上形成露水一样。这些水被接水装置收集起来，成为可饮用的净水。

木架
孔眼多，能抗强风，不易被吹倒

网兜
利用昼夜温差使空气中的水蒸气凝结

接水装置
收集从滤网上流下来的水，最多可收集 3000 升

生命吸管

在周围只有脏水的情况下使用的便携式净水器。把吸管直接放入水中吸食，里面的过滤器可以滤除 98% 以上的细菌和病毒，人们就可以喝到干净的水。

膜过滤器
一种非常薄的膜，可以过滤非常小的颗粒

碘树脂过滤器
里面的碘珠可以杀菌消毒

活性炭过滤器
活性炭可以消除水的异味

我需要光亮来学习！

我叫巴尔，是一个八岁的男孩，生活在巴西。

我现在正在垃圾堆里找可以再利用的东西。

因为把它们收集起来卖掉，可以赚钱补贴家用。

家里生活困难，我只好辍学做这项工作。

虽然我只上过几个月的学，但学会了读书写字。

我喜欢读书学习。

不过这个活儿干久了，经常就会忘了学会的东西，我很担心。

我生活的村子没有通电。

有太阳的时候，阳光也照不进家里，
非常昏暗。

干完活回家，我就点起蜡烛翻开了书本。

就在我认真看书的时候，爸爸火冒三丈，大声
呵斥道：

"巴尔，你不知道蜡烛有多贵吗？想看书的话，去外
面看吧。"

"爸爸，外面太吵了，而且现在太阳都下山了……"

爸爸根本不听我的，直接就把蜡烛吹灭了。

"那就睡觉吧！反正明天天一亮，还得出门。"

我一下子哭了出来。

我讨厌爸爸不了解我想读书的心愿。

这时弟弟在我耳边小声地说道：

"哥哥，别哭了。我知道有个地方有光。你去那里就能看书了。"

听完，我立刻跟着弟弟出门了。

弟弟带我去的地方正是莫泽叔叔的家门口。

　　莫泽叔叔是一名机械师，手很巧。

　　就连邻村人有坏的机器，也会拿到他这里修。

　　莫泽叔叔晚上也要修机器，所以家里灯火辉煌，就像白天一样亮堂。

　　"哥哥，我们要是也能随意使用灯光就好了。"

　　"不行，这种光只有有钱人才能用，我在书上看到过，想要这种光，必须要有发电机才行。不过像我们这样的穷人是买不起这种东西的。"

"孩子们，你们在这儿干什么呢？"莫泽叔叔
"吱呀"一声打开门问道。
"我想学习，正好这里有亮光。"
莫泽叔叔环视了一下周围，接着说：
"孩子们，快进来吧。家里比外面亮多了。"
我和弟弟就走进了莫泽叔叔的家里。

"你为什么想要学习呢？"

"为了实现梦想，我想成为科学家。"

听了我的梦想后，莫泽叔叔会心一笑，说道：

"这样的话，我就送你一件不用电也能发光的礼物吧。给你们做一束实现梦想的光。"

"真的吗？"

我们瞪大了眼睛，等着叔叔给我们制造光。

照亮黑暗的制光技术

电灯发明后，人们可以随时随地在有光亮的地方生活。

然而，目前世界上仍有 20% 的人口的居住地没有通电，无法使用电灯。他们使用蜡烛和煤油灯，有时候连这些都买不到，一旦黑夜降临，就只能摸黑生活。

让我们来看一下有哪些适用技术可以帮助他们制造所需的光亮吧。

🌐 塑料瓶灯

一种使用塑料瓶、水和漂白剂的灯。它是由巴西一名叫作莫泽的技师在 2002 年发明的，制作的方法非常简单。塑料瓶里装满水，外加一点儿漂白剂，然后在屋顶钻出一个瓶子大小的洞，并把瓶子插入洞中。这样阳光经由塑料瓶后向四面散射，从而照亮屋内，相当于开两个日光灯的效果。最近该装置还装配了太阳能电池板和蓄电池，这样太阳下山后也能发光。

塑料瓶
圆形瓶口起到凸透镜的作用，能够聚集阳光

漂白剂
防止水发霉

水
让光线散射到四面八方

24

发电足球

发电足球的外形、材质、质量几乎和普通足球相一致，但它里面有传感器、发电机、电池灯等装置，用于发电并把电能储存起来。用发电足球踢球 30 分钟，所获得的电能可以供电灯照明 3 个小时左右。它还配有接口，可以给其他电器供电。

接口
插上插头就可以点亮电灯

重力灯

利用重力发光的灯具。重力就是地球吸引其表面物体的力。袋子里放入重物，然后挂在链条上并吊起，袋子在重力的作用下缓缓下降，此时产生的电能点亮了灯泡。只需要 3 秒把重物挂上并吊起，就可以获得约 30 分钟的照明时间。

本体
将动能转化为电能并点亮电灯

链条
将袋子向下移动所产生的动能传递给本体

电灯

袋子
放入重物后，在重力的作用下向下移动，将重力势能转化为动能

鲁托和泽莉娜的愿望

鲁托和泽莉娜生活在尼日利亚的一个小村子里。

"哥哥，我肚子疼。"泽莉娜小声哼哼。

她因为吃了馊的鸡肉粥，一直在拉肚子。

"下次吃之前，一定要看清楚了。现在天气热，食物很容易变质。"

鲁托一边抚摸着泽莉娜的肚子，一边安慰道。

"你躺会儿吧，我一个人去找点柴火回来。"

鲁托给泽莉娜收拾出来一个躺的地方，担心地说。

"不行，一起去嘛！"

"这可不行，找柴火需要去很远的地方才行。"

不过泽莉娜还是坚持自己要一起去。

最终鲁托还是拗不过妹妹，带着她出门了。

走出村子没多久，他们就发现一片
小树林，里面干枯的树木已经很少，稀
稀拉拉的。

"到明年，这里就没有柴火了。"
"要是没有柴也能生火该多好呀。"
鲁托和泽莉娜嘟囔道。

　　对于他们来说，要想做饭吃，就必须得生火，为了生火，就得有柴。

　　但是现在柴越来越难找了，因为人们都在胡乱砍伐树木。

　　两个人忙着四处寻找柴火，不知不觉间太阳就已经徐徐落下了。

　　鲁托和泽莉娜勉强凑够了柴火，回到了家。

鲁托开始在灶台上生火。

他呼呼地不停吹气，火苗也越来越大，很快家里被浓烟笼罩。

一闻到烟味，泽莉娜就"阿嚏阿嚏"直打喷嚏。

这时候上市场卖菜的妈妈回来了。

"怎么回事，这烟太重了。能买个没多少烟的煤气灶就好了。"

"妈妈，菜还有很多没卖掉呢。"泽莉娜看了看妈妈提回来的篮子说道。

"嗯，菜都蔫了，不好卖呀。今天我们只能做这个吃了。"

吃过晚饭后，鲁托一家人来到了外面。

　　白天的热气逐渐消退，凉爽的夜风吹拂而过。

　　"泽莉娜现在肚子不疼了吧？"

　　"嗯，但现在嗓子疼。"

　　妈妈紧紧地搂住了泽莉娜。

夜空中布满了星星。

鲁托向星星许下愿望：

"星星啊，请让我们的生活好一点儿吧，让我们吃东西不用担心拉肚子，也不用担心柴火不够。"

没有电也能方便生活的技术

冰箱、电炉、洗衣机等便利的家电都需要用电，且价格高昂。那些生活在不通电的地区且手头不宽裕的人们是无法使用的，因此在保管食物、洗衣做饭方面困难重重。让我们来了解一下那些不用电，价格便宜或能够亲手制作的适用技术吧。

罐中罐冷却器

它是由尼日利亚的一名学校老师穆罕默德·巴哈·艾巴在 1995 年发明的真正的不用电的天然冰箱。原理就是利用两个瓦罐中间潮湿的沙土，里面的水分蒸发会带走罐内的热量，从而实现降温的效果。在罐内放入食物，蔬菜、水果等最长可以保存 3 周左右的时间。

瓦罐
阻挡热量进入内部，沙子中的水汽蒸发，吸收产生的热量

水

湿布

水汽蒸发

食物

热量排出

沙子
水汽蒸发，将小罐内的热量向外排出

太阳灶

利用阳光进行炊事、烹饪食物的装置。利用太阳光，就不需要柴火。没有生火时产生的烟雾，对健康比较有利。可以简单地烧水饮用，阳光强烈的时候，温度上升很快，可以烹煮很多的食物。

镀铝反射板
呈伞状的圆形内凹板，可以把阳光聚集到中间

锅
使用黑锅，有利于吸收阳光

踏板洗衣机

用脚踩踏驱动的洗衣机。先后放入要洗的衣服、水和洗衣粉，盖上盖子，然后坐在上面用脚踩踏踏板就可以洗衣服了。它下方还有一个小盖子，打开后就能排水。使用这种踏板洗衣机，不仅能减少洗衣时间，还能减少用水量。

踩踏踏板，桶就会转动，从而实现洗涤衣物的功能

35

雨中也能安然无恙的房子

轰隆隆！

漆黑的夜空突然划过一道闪电，雨点打在铁皮屋顶上噼里啪啦地作响。

安佳丽猛地从床上坐起来。

家里的土墙好像要被大雨淋垮，她心里很害怕。

爸爸安慰说："没事的，继续睡吧。"

可安佳丽还是睡不着。

她一整夜都在祈祷大雨快点停下。

第二天早上，安佳丽一睁眼就迅速查看了四周。

"呼，雨停了。还好房子还没倒。"

安佳丽吃过早饭后，就去砖厂了。

尼泊尔一千多个砖厂中，有很多像安佳丽这样的穷孩子。

他们的主要工作就是把窑里烧好的砖拿出来，或者搬运要烧制的砖坯。

安佳丽头顶沉重的砖块，心想：

"要是能用这些砖块来盖房子，就再也不用担心房子会倒了。"

不过这是不可能的事情。

砖块太贵了，拿它来盖房子得花很多的钱。

安佳丽长长地叹了一口气，然后摇了摇头。

砖厂的活儿干完后，安佳丽就去了弟弟所在的幼儿园。

幼儿园的院子里有一群陌生的大叔在干活。

大叔们正在操作机器，往里面填土后，再用力一按，一块砖很快就做出来了。

安佳丽大吃一惊。

要在砖厂的窑里烧制才能做成的砖块，竟然咕咚一声就做好了。

"大叔，用这个可以盖房子吗？"安佳丽下意识地大声问道。

"当然啦！很快就会有一座用土砖建造的幼儿园拔地而起。到那个时候，再过来看看吧。"

40

土砖压缩机

机器里填土后，按下按钮，压缩式土砖就做好了，之后在晴天晾晒 4~5 天，就可以使用了。普通砖块都是烧制而成的，但使用该压缩机就可以不用烧制也能做出坚硬的土砖。

41

用土砖盖的新幼儿园终于建好了。

这天新幼儿园门口人群熙熙攘攘，安佳丽穿过中间的缝隙好不容易才挤了进去。

"新幼儿园的墙用的是土砖，而屋顶则是用稻草编制的。这样盖好的房子，下雨天不会垮塌，冬天也很温暖。"

就像大叔说的那样，新房子看起来很坚固。

"土砖容易制作，成本也很低廉。我们决定在这里帮助大家用土砖盖房子。大家愿意和我们一起盖坚固的房子吧？"

　　大叔的话音刚落，人群中爆发出雷鸣般的掌声和欢呼声。

　　而安佳丽则是高兴得跳了起来。

43

建造安全舒适的房子的技术

房子作为人们居住、睡觉和休息的地方，是人们生活最基本的必需要素。然而，世界上还有很多人没有房子，或者居住在无法防寒避暑的破旧房子里。让我们来了解一下为这些人盖房子的适用技术吧。

⬤ 泥土建筑

是指用泥土建造的房子或建筑。普通砖块是用高温烧制而成的，但为了烧制砖块需要耗费大量的化石燃料，不仅成本高昂，还会带来环境问题。而泥土是常见的材料，且保温性能卓越。再加上盖房子的方法也不难，稍微学习一下，谁都能盖房子。

泥袋工法
将泥土装进袋子，然后一层层垒高做墙，是一种快速的建造方法

蛋托工法
在地面铺上一层平整的泥土，然后放上蛋托，接着再铺土，如此循环反复

G-Saver

蒙古等中亚国家一年中有一半以上的时间，气温在-40～-30摄氏度，非常寒冷。G-Saver就是专为他们设计的蓄热设备。只要将其接在蒙古人常用的煤炉排烟管上就能使用。G-Saver内有陶瓷蓄热材料，能够将煤炉产生的热量储存起来，从而节约燃料费。此外，该设备还有减少煤烟排放的功能。

蓄热材料
利用陶瓷物质升温快，降温慢的特性来储存热量

通风塔

将高处的凉风引入屋内的塔。只要将其建在房子的高处，并开窗通风就可以了。利用的是热空气上升，冷空气下降的原理。用了通风塔，家里即便没有空调、电扇等电器，也能非常凉快。

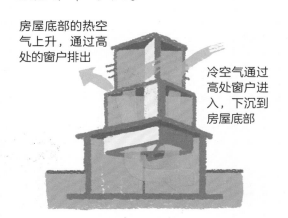

房屋底部的热空气上升，通过高处的窗户排出

冷空气通过高处窗户进入，下沉到房屋底部

适用技术产品的制作要点

1 制作和使用成本低廉。

2 产品的制作尽可能就地取材。

3 充分利用产品使用地的技术和劳动力，增加就业。

4 产品大小要合适，使用方法要简单。

5 不需要特定领域的专业知识也能够制作。

6 当地居民能够自行制作。

7 要促进人们的互相合作，为地区社会的发展做贡献。

8 充分利用可再生的能源。

9 使用技术的人们需要理解该技术的原理。

10 能够根据不同的情况做出调整。

11 产品中不应包含知识产权、咨询费用和进口关税。

我也想开发一项适用技术

1 平时有没有觉得不方便的地方或物品?

2 如果有的话，是什么原因导致不方便的?

3 为了解决这种不方便，该如何做呢?

4 请开发一项你独有的适用技术。

适用技术，我们也需要吗？

获取干净水的技术，

照亮黑暗的制光技术，

制作生活小工具的技术，

建造坚固舒适的房子的技术……

适用技术不单是面向穷人的，

它是地球上的所有人都需要的技术。

它简单易学，每个人都能轻松上手，

就地取材，使用天然能源，不污染环境。

为了能让我们更加幸福，

请从推广适用技术开始。

需要科学的人们

从某些方面来说，如今地球上的生活要比过去更舒适，更丰富多彩。

而我们所享有的这份舒适几乎全部靠的是科学和技术。

然而，真正的地球又是什么样子呢？

现在世界上还有地方每 10 秒就会有一个孩子因饥饿和疾病死亡。这就是我们所在世界的真实面目。

这就是生活舒适，丰富多彩世界的另一面。

地球上很多人都需要科学，需要友善的科学和科学家去帮助那些被忽视的穷人。这是我们的希望所在。就算不是专家，也能运用友善的科学去拯救人类。不起眼的科学可以拯救地球，拯救生命。这就是友善的科学——适用技术。

大家可以把地球建设成为一颗充满希望和幸福的星球。

因为大家就是地球的未来。

尊重人的技术

韩国的大部分人能够非常方便地用电、用水和用气。
也有人觉得适用技术是和我们没有关系的技术。

但是换个角度来看，适用技术也带给我们很多思考。

对于制造人工智能机器人或能够飞的汽车的人来说，
适用技术可能看起来就是个玩具。因为它运用简单的物理
化学原理，用最少的材料制造工具。但如果你去审视那些
适用技术的奇妙创意，就会深受感动。因为你能很快地发
现，这些创意蕴含了开发者对其他人生活的关心与尊重，
以及人道主义精神。

或者说，适用技术中有一种温暖的味道。

在创作本书中巴尔的故事的时候，这种感受更加强烈。

对于我们来说，蜡烛已经是有些梦幻的回忆了。但对
于巴尔来说，蜡烛是阅读自己喜欢的书籍的唯一照明。而
自己却不能尽情地点蜡烛，真是伤心到掉眼泪。这时候莫
泽大叔的塑料瓶灯对巴尔来说，就是最好的礼物。就像巴
尔的故事一样，我希望通过画面来刻画大人们和孩子们在
使用适用技术前所处的环境及心境。并且我也想象过，适
用技术能够越来越多，使用越来越广泛，能让世界上所有
的孩子和大人都过上幸福的生活。请大家也尽情畅想一下
因适用技术而更加美好的世界吧。

A Power-Generating Soccer Ball

Text Copyright © Seo Jiwon

Illustration Copyright © Oh Seungmin

Original Korean edition was first published in Republic of Korea by Weizmann BOOKs, 2018

Simplified Chinese Copyright © 2023 Hunan Juvenile & Children's Publishing House

This Simplified Chinese translation rights arranged with Weizmann BOOKs through The ChoiceMaker Korea Co.

All rights reserved.

图书在版编目（CIP）数据

会发电的足球 /（韩）徐志源文；（韩）吴胜闵图；章科佳，金润贞译 . —长沙：湖南少年儿童出版社，2023.5

（孩子你相信吗？：不可思议的自然科学书）

ISBN 978-7-5562-6837-5

Ⅰ.①会… Ⅱ.①徐… ②吴… ③章… ④金… Ⅲ.①发电—少儿读物 Ⅳ.① TM6-49

中国国家版本馆 CIP 数据核字（2023）第 061185 号

孩子你相信吗？ ——不可思议的自然科学书
HAIZI NI XIANGXIN MA? —— BUKE-SIYI DE ZIRAN KEXUE SHU

会发电的足球
HUI FADIAN DE ZUQIU

总 策 划：周　霞　　　　策划编辑：吴　蓓

责任编辑：万　伦　　　　营销编辑：罗钢军

排版设计：雅意文化　　　质量总监：阳　梅

出 版 人：刘星保

出版发行：湖南少年儿童出版社

地　　址：湖南省长沙市晚报大道 89 号（邮编：410016）

电　　话：0731-82196320

常年法律顾问：湖南崇民律师事务所　柳成柱律师

印　　刷：湖南立信彩印有限公司

开　　本：889 mm×1194 mm　1/16　　印　张：3.25

版　　次：2023 年 5 月第 1 版　　　　印　次：2023 年 5 月第 1 次印刷

书　　号：ISBN 978-7-5562-6837-5

定　　价：22.80 元